FORSCHUNGSBERICHTE DES LANDES NORDRHEIN-WESTFALEN

Nr. 1982

Herausgegeben im Auftrage des Ministerpräsidenten Heinz Kühn
von Staatssekretär Professor Dr. h. c. Dr. E. h. Leo Brandt

Prof. Dr. Dr. h. c. Dr. E. h. Hans Paul Kaufmann
Dr. Helmut Schuppan
Dr. Erich Vennekel
Institut für industrielle Fettforschung, Münster

Tieftemperatur-Extraktion

Veränderungen von Glyceriden und ihrer Begleitstoffe im Hinblick auf die industrielle Verwendung von Fetten und Ölen

WESTDEUTSCHER VERLAG · KÖLN UND OPLADEN 1968

ISBN 978-3-663-03933-4   ISBN 978-3-663-05122-0 (eBook)
DOI 10.1007/978-3-663-05122-0

Verlags-Nr. 011982

Gesamtherstellung: Westdeutscher Verlag

Inhalt

Teil 1:

Tieftemperatur-Extraktion 5

A) Die Kälte-Extraktion von Sojabohnen mit Hexan 6

   1. Extraktionstemperatur und Ausbeute 6
   2. Ausbeuten und Jodzahlen 7
   3. Einfluß der Mahlfeinheit des Schrotes 7
   4. Einfluß der Lösungsmittelmenge 8
   5. Einfluß der Temperatur 8
   6. Freie Fettsäuren 8
   7. Begleitstoffe 9
   8. Wassergehalt 11

B. Die Kälte-Extraktion von Sojabohnen mit anderen Lösungsmitteln 11

Teil 2:

Veränderungen von Glyceriden und ihrer Begleitstoffe im Hinblick auf die industrielle Verwendung von Fetten und Ölen 13

A) Einwirkung hoher Temperaturen auf Öle und Fette 13

   1. Glyceride 13
   2. Begleitstoffe 16
      a) Verhalten des Cholesterins beim Erhitzen auf höhere Temperaturen ... 16
      b) Veränderungen von im Öl gelösten Cholesterin beim Erhitzen 16

B) Die Wirkung von Bleichmitteln 17

   1. Auf Glyceride 17
   2. Auf Begleitstoffe in Lösungsmitteln 17
      a) Versuche in Lösung bei Abwesenheit von Öl 17
   3. Wirkung von Bleichmitteln auf Öle und Begleitstoffe in der Miscella 20
      a) Untersuchung der von den Bleicherden aus der Miscella adsorbierten Stoffe 21
   4. Wirkung von Bleichmitteln auf Begleitstoffe enthaltendes Öl bei Abwesenheit eines Lösungsmittels 22
      a) Untersuchung der von den Bleichmitteln adsorbierten Öle und deren Begleitstoffe 22
   5. Untersuchung der Reaktionsprodukte 23

Teil 1

Tieftemperatur-Extraktion

Bei der Extraktion von Ölsaaten wird heute eine schnelle und erschöpfende Extraktion der Öle erstrebt. Verständlicherweise gelingt sie um so besser, je höher die Extraktionstemperatur liegt. Andererseits zwingen das Auftreten von Zersetzungsprodukten, Verfärbungen, die Zunahme von Trübstoffen in den Ölen usw. sowie die Schwierigkeiten bei der restlosen Entfernung hochsiedender Lösungsmittel aus den Ölen zu einer Milderung der Arbeitsbedingungen. Aus diesen Gründen stellen die heutzutage üblichen Extraktionstemperaturen zwischen $+ 55^\circ$C und $+ 80^\circ$C einen Kompromiß dar.
Die vielfältigen Wünsche und Anforderungen an Speisefette machen heute mehr denn je die Herstellung hochwertiger Öle erforderlich. Zwar kann man durch Raffination, Härtung, Fraktionierung und Vitaminisierung Öle »veredeln«, doch wird der Weg, den es bei seiner Verarbeitung durchlaufen muß, immer länger. Der apparative Aufwand wird sehr umfangreich, die Betriebskosten bis zur Herstellung des Endproduktes werden höher und die Ausbeuten infolge unvermeidbarer Verluste niedriger. Bei Zutritt von Luft während der Verarbeitung vermehren sich unerwünschte Zersetzungsprodukte, deren Entfernung eine zusätzliche Belastung der Raffination mit sich bringt. Die Folge dieser Erscheinungen zeigt sich in einer Verteuerung des Fertigproduktes im Vergleich zu dem Rohöl. Zu dieser wirtschaftlichen Einbuße tritt noch der ernährungsphysiologische Verlust an wertvollen Begleitstoffen während mancher Raffinationsvorgänge. Um den Wünschen der Verbraucher entgegenzukommen, die farb- und geruchlose Öle bevorzugen, wird mitunter die Raffination zu weit getrieben. Bereits vor vielen Jahren wies H. P. KAUFMANN darauf hin, daß die Raffination auf das notwendige Maß beschränkt werden sollte. Speiseöle, die noch die ursprünglichen, ernährungsphysiologisch wertvollen Begleitstoffe der Glyceride enthalten, nannte er »Vollöle«. Nur wenn sich unter den Begleitstoffen neben den biologisch hochwertigen Stoffen unerwünschte Geruchs-, Geschmacks- und Farbstoffe befinden, soll eine völlige Raffination – Entschleimung, Entsäuerung, Entfärbung und Desodorierung – vorgenommen werden.
Vielfach wird der Tatsache zu wenig Beachtung geschenkt, daß bereits die Gewinnungsart der Öle Einfluß auf deren Gehalt an Zersetzungsprodukten, Farbstoffen, Schleimstoffen, Wachsen und dgl. hat. Erstrebenswert wäre ein Verfahren, das eine Gewinnung von Ölen mit den gewünschten und ohne die unerwünschten Begleitstoffe ermöglicht und eine Extraktion, bei der bereits eine Fraktionierung stattfindet. Dies gilt auch für die Glyceride. Bisher nahm man derartige Fraktionierungen mit dem bereits isolierten Gesamtöl vor, so bei der Entstearinierung mit und ohne Lösungsmittel, der Flüssigflüssig-Extraktion, dem Solexol- und dem Furfurol-Verfahren. Demgegenüber verfolgte H. P. KAUFMANN den Gedanken, schon bei der Extraktion die Fraktionierung, und zwar durch Anwendung geeigneter Temperaturen, vorzunehmen. Da hierbei mit tiefen Temperaturen gearbeitet wird, wurde ein derartiges Verfahren als Tieftemperatur-Extraktion bezeichnet. Sie ist Gegenstand nachstehender Untersuchungen.
Extraktionen unterhalb $+ 20^\circ$C sind neu. Sie haben von vornherein den Vorteil, jede Veränderung der Glyceride durch Wärme zu vermeiden, Schleimstoffe fernzuhalten, wertvolle Begleitstoffe zu schonen und Zersetzungsprodukte nicht entstehen zu lassen. Allerdings kann man durch eine derartige Extraktion keine billigen Öle herstellen. Denn je tiefer die Temperatur, desto längere Extraktionszeiten werden erforderlich und desto kostspieliger werden Ausrüstung und Energiebedarf; Wärme ist bekanntlich billiger als Kälte. Können dagegen durch eine Extraktion bei tiefen Temperaturen Öle hergestellt

werden, die den bisher auf den oben geschilderten großen Umwegen durch Raffination und Fraktionierung erhaltenen Endprodukten der Ölindustrie gleichen oder nahekommen, so verschiebt sich die Kostenfrage zugunsten der Kälte-Extraktion. Die apparative Seite macht dank des heutigen Standes des Apparatebaus keine Schwierigkeiten.

Durch Tieftemperatur-Extraktion soll neben der Fraktionierung der Glyceride auch der gesamte Lipoid-Komplex einschließlich der Begleitstoffe getrennt werden. So könnte z. B. eine Extraktion unter Trennung von Glyceriden und Fettsäuren die technische Entsäuerung überflüssig machen, die Vermeidung des Herauslösens der Phosphatide die Entschleimung, der Farbstoffe die Entfärbung, während andererseits vitaminreichere Öle gewonnen werden. Daß bei Temperaturen unter 0°C wasserfreie Öle extrahiert werden, da vorhandenes Wasser gefriert, also ein Absitzenlassen oder eine Trocknung entfallen, war vorauszusehen.

A) Die Kälte-Extraktion von Sojabohnen mit Hexan

Bei der Mannigfaltigkeit der Ölsaaten und der darin enthaltenen Lipoide erschien es vorteilhaft, zunächst die Extraktionsmöglichkeit eines bestimmten ölhaltigen Materials, nämlich der Sojabohnen, unter verschiedenen Bedingungen zu untersuchen und dann erst die Versuche auf andere Saaten auszudehnen. Als Extraktionsmittel wurde das meist gebräuchliche Hexan verwandt, das wenig Aufwand an apparativer Ausrüstung erforderte. Es war jedoch von Anfang an daran gedacht, die Verwendbarkeit anderer, vor allem auch der bei Zimmertemperatur gasförmigen Lösungsmittel »Flüssiggas« zu prüfen und sie zur Kälte-Extraktion heranzuziehen.

1. Extraktionstemperatur und Ausbeute

Es erhebt sich zunächst die Frage, ob es möglich ist, mit Hexan ein in der Kälte noch nicht erstarrtes Öl fraktioniert zu gewinnen. Bei einer erschöpfenden Extraktion von Sojaschrot bei — 5°C wurde ein Öl erhalten, das im wesentlichen die gleiche Zusammensetzung aufwies wie ein bei + 50°C extrahiertes Öl. Lediglich die Menge der von Natur aus bei + 20°C nicht im Öl gelösten Fettbegleitstoffe, wie der Wachse, einiger Lipochrome und der etwas fester gebundenen Phosphatide, hatte sich etwas verringert, ebenso der Gehalt an freien Fettsäuren, der bei höheren Extraktionstemperaturen zunimmt. Die Herauslösung unerwünschter Saatbestandteile, z. B. der Wachse, wurde also bei — 5°C vermieden; die sonst notwendige, zeitraubende Abscheidung des Wachses aus dem bereits isolierten Öl erübrigte sich in diesem Fall.

Bei der Unterschreitung des Erstarrungspunktes eines Öles ändert sich das Extraktionsbild grundsätzlich. Während bei der Abkühlung eines Öles die gegenseitigen Löslichkeiten der Lipoide so stark ausgeprägt sind, daß sehr leicht Übersättigungserscheinungen auftreten können, ist dies nach der Erstarrung eines Öles nicht mehr der Fall. Deshalb besteht auch ein großer Unterschied in der Zusammensetzung der gelösten Fraktion nach einer Entstearinierung und nach einer Kälte-Extraktion unter gleichen Bedingungen, wie noch gezeigt werden wird.

Der Zusammenhang zwischen der Ausbeute und der Extraktionstemperatur wird, solange das Öl flüssig ist, in erster Linie von der Benetzung und Durchdringung der Saat mit dem Lösungsmittel bestimmt. Bei tiefen Temperaturen tritt dagegen die begrenzte Löslichkeit der verfestigten Glyceridtypen in den Vordergrund. Mit dieser neuen Variablen ist es möglich, durch Begrenzung der Lösungsmittelmenge jeweils gewünschte Ölfraktionen zu extrahieren. Auch die restlichen, schwer löslichen Glyceride können durch eine anhaltende Extraktion bei tiefen Temperaturen in Lösung gebracht werden, doch lohnt sich ein solches Verfahren nicht, da es zu lange Extraktionszeiten und den Einsatz großer Lösungsmittelmengen erfordern würde. Bei erhöhter Temperatur dagegen kann dieses restliche Öl infolge der bereits vorausgegangenen weitgehenden Durchdringung der Saat mit dem Lösungsmittel sehr schnell extrahiert werden.

2. Ausbeuten und Jodzahlen

Es sollte als Vorversuch festgestellt werden, welche Ausbeuten an Öl man durch Digerieren von geschroteten Sojabohnen mit der jeweils gleichen Menge Hexan bei verschiedenen Temperaturen erhält und welche Jodzahlen diese Öle haben. Für die Extraktion stand eine Kältezelle zur Verfügung, die ein Arbeiten in dem Temperaturbereich von 0°C bis — 70°C erlaubte. Die Ergebnisse sind in Tab. 1 wiedergegeben.

Tab. 1   Ausbeuten und Jodzahlen bei einmaliger Kälte-Extraktion von 250 g Sojaschrot mit 500 ml Hexan

Extraktionstemperatur °C	Kälteöl		Wärmeöl	
	Ausbeute in %	JZ	Ausbeute in %	JZ
+ 20 bis — 5	83	129	17	129
— 10	73	130	27	127
— 15	69	132	31	126
— 20	65	133	35	124
— 25	60	135	40	123
— 30	55	137	45	122
— 35	48	140	52	122
— 40	40	143	60	122
— 45	32	145	68	123
— 50	26	146	74	124
— 55	22	149	78	125
— 60	14	148	86	127
— 65	5	147	95	129
— 70	3	147	97	129

Die Versuche ergaben, daß bei Erniedrigung der Extraktionstemperatur die Ausbeuten an »Kälteöl« abnahmen und gleichzeitig dessen Jodzahlen anstiegen. Bei einer Extraktion oberhalb von — 5°C erhielt man Öle mit einer Jodzahl, die mit der des Ausgangsöles etwa übereinstimmte. Eine Fraktionierung der Glyceride tritt also nicht ein. Erst bei einer Extraktion unterhalb von — 7°C wurden Fraktionen erhöhter Jodzahlen gewonnen. Damit ist die Möglichkeit der Herstellung von Ölen mit verschiedenen Jodzahlen durch Tieftemperatur-Extraktion von Saaten bewiesen.

3. Einfluß der Mahlfeinheit des Schrotes

Um den Einfluß der Teilchengröße auf die Ausbeute festzuhalten, wurde eine geschrotete Saat 30 min lang in der Schwingmühle zu einem feinen Pulver gemahlen und eine Extraktion bei — 40°C unter den üblichen Bedingungen vorgenommen. Nach der

Gewinnung des Öles aus der Miscella wurde festgestellt, daß die Ausbeute und die Jodzahl des Öles innerhalb der Fehlergrenzen die gleichen Werte aufwiesen wie die des Öles aus der gröber zerkleinerten Saat.

4. Einfluß der Lösungsmittelmenge

Als nächstes war zu untersuchen, welchen Einfluß das Verhältnis Sojaschrot : Hexan auf die Ausbeute und Jodzahl ausübt. Die Versuche ergaben, daß Ausbeute und Jodzahl bei einer wiederholten Extraktion abnehmen, wenn man die zweite Fraktion mit der ersten vergleicht. Bei der zweiten Extraktion steht das Hexan aber einem restlichen, in seiner Zusammensetzung veränderten Glyceridgemisch gegenüber, da bereits ein beträchtlicher Teil der leichter löslichen Glyceride bei der ersten Extraktion entfernt wurde. Es war deshalb nicht vorauszusehen, ob die Ausbeute und Jodzahl des Öles bei zweimaliger Extraktion unter Verdoppelung der Lösungsmittelmenge identisch waren. Es wurde bei — 40°C eine Extraktion von 250 g Sojaschrot nicht zweimal mit 500 ml, sondern einmal mit 1000 ml Hexan durchgeführt. Dabei wurde ein Öl erhalten, dessen Ausbeute 49,2% des gesamten Ölgehaltes mit der JZ 141,4 betrug. Zwei getrennte Extraktionen mit je 500 ml Hexan ergaben zusammen 48,8% Öl mit der JZ 141,7. Danach ist es also von geringem Einfluß, ob man eine gegebene Menge Hexan nacheinander in kleinen Teilen oder in einem für die Extraktion verwendet. Die Ausbeuten und die Jodzahlen werden bei gegebener Temperatur im Sättigungszustand lediglich von dem Verhältnis Saat : Lösungsmittel bestimmt. Je weniger Hexan zur Extraktion verwendet wird, desto geringere Ausbeuten erhält man und desto höher sind im allgemeinen die JZZ der Kälteöle. Wegen des mehr oder weniger großen Volumens gemahlener Saaten ist aber dem Verhältnis Lösungsmittel zu Saat bei diskontinuierlicher Arbeitsweise eine untere Grenze gesetzt.

5. Einfluß der Temperatur

Weitere Versuche beschäftigten sich mit dem Einfluß von Temperaturschwankungen auf die Kälteöl-Extraktion. Bei einer technischen Ausführung wird es sich oft nicht vermeiden lassen, daß bei dem Zusammentreffen und bei der Trennung von Saat und Extraktionsmittel die vorgesehene Extraktionstemperatur genau eingehalten wird. Die Versuche ergaben, daß eine Berührung des Hexans mit der Saat bei noch unvollständiger Abkühlung nur wenig Einfluß auf die nachfolgende Kälte-Extraktion hat. Dies erleichtert ihre technische Durchführung, da die Saat bei Raumtemperatur z. B. mit vorgekühltem Propan als Extraktionsmittel zusammengebracht werden kann. Durch Regulierung des Druckes läßt sich dann die gewünschte Temperatur für Saat und Propan einstellen. Die geringe »Vorlösung« des Öles beeinflußt das Extraktionsergebnis nicht.

6. Freie Fettsäuren

Die nächsten Versuche sollten feststellen, ob bei diesen Extraktionen auch eine Fraktionierung der freien Fettsäuren und der Begleitstoffe eingetreten war. Dies war wahrscheinlich, da sich die »Wärmeöle« in bezug auf Färbung und Ausscheidungen schon rein äußerlich von den »Kälteölen« unterschieden. Wie aus Tab. 2 zu ersehen ist, haben sämtliche Kälteöle eine geringere Säurezahl als die in der Wärme gewonnenen Öle. Es tritt also auch eine Fraktionierung der freien Fettsäuren ein, bei der nicht die Jodzahl, sondern die neben dem Öl gelöste Menge Fettsäure von Interesse ist. Die freien Fettsäuren werden im Wärmeöl um so mehr angereichert, je größer die Ausbeute des Kälteöles ist.

Tab. 2 Säurezahlen der Kälte- und Wärmeöle bei verschiedenen Extraktionstemperaturen

| Extraktionstemperatur | Kälteöle | | Wärmeöle | |
°C	Ausbeute in %	SZ	Ausbeute in %	SZ
— 15	69	0,16	31	2,9
— 20	65	0,15	35	2,6
— 25	60	0,14	40	2,3
— 30	55	0,13	45	2,1
— 35	48	0,13	52	1,8
— 40	40	0,12	60	1,6
— 45	32	0,10	68	1,4
— 50	26	0,08	74	1,3
— 55	22	0,06	78	1,3

7. Begleitstoffe

Das in der Wärme extrahierte Sojaöl war rotbraun. Nach wenigen Tagen schieden sich neben einer kleinen Menge Saatmehl voluminöse, schleimige Flocken aus, die nach einiger Zeit einen dicken Bodensatz bildeten. Ein ganz anderes Aussehen hatten die Kälteöle. Sie waren ausnahmslos gelb und um so heller, je tiefer die Extraktionstemperatur war (s. Tab. 3). Die erwähnten Ausscheidungen traten nicht ein. Auch geschmacklich bestand ein großer Unterschied zwischen einem Kälteöl und dem Rohöl. Ein bei — 50°C extrahiertes Öl hatte einen angenehmen nußartigen Geschmack, während das

Tab. 3 Abhängigkeit der Farbe des Öles von der Extraktionstemperatur

| Extraktionstemperatur | Kälteöl | | Wärmeöl | |
°C	Ausbeute in %	Lovibond-Rot	Ausbeute in %	Lovibond-Rot
+ 60	–	–	100	27
— 15	90	19	10	142
— 30	67	10	33	47
— 40	49	9	51	31

in üblicher Weise gewonnene Rohöl schärfer und bitter schmeckte. Bei mehrmaliger Extraktion hatten die zweite und dritte Fraktion der Kälteöle eine hellere Farbe als die erste. Die Art der Kälteölfärbung ist insofern bemerkenswert, als es sich bei den extrahierten Farbstoffen um sehr leicht entfernbare bzw. zerstörbare Substanzen handelt. Aus einer Kälteöl-Miscella, die sofort nach der Extraktion durch ein mit Aluminiumoxid gefülltes 40 cm langes Rohr mit dem Durchmesser 1,5 cm geleitet wurde, konnte ein völlig farbloses Öl gewonnen werden. Nach längerem Stehen bleichen die Farbstoffe der Kälteöle aber auch ohne jede Behandlung aus. Zum Beispiel waren die bei — 40°C extrahierten Öle nach einem Jahr wasserhell. Die unerwünschten feinen Saatteilchen sind nach einer Wärme-Extraktion schwer filtrierbar. Bei der Kälte-Extraktion treten derartige Schwierigkeiten nicht auf, da das Lösungsmittel die feinen Saatteilchen wegen der Klebekraft des ungelöst bleibenden Fettes in der Kälte nicht so leicht von den gröberen Teilen wegschwemmen kann. Dadurch wird auch die Filtration erleichtert.

Ein weiterer unerwünschter Begleitstoff der Sojaöle sind die bereits erwähnten, aus den Samenschalen stammenden Wachse, die in ihnen zu ca. 0,002% enthalten sind. Sie werden bei den üblichen Raffinationsmethoden nur schwer entfernt und verursachen oft erst nach längerem Stehen der Öle Trübungen. Ein nicht entwachstes, raffiniertes Sojaöl ist deshalb als Salatöl ungeeignet. Wie erwartet konnten beim Stehen der Kälteöle bei ihrer Extraktionstemperatur keine Wachsausscheidungen beobachtet werden.

Bei der Abkühlung vieler Öle treten Stearinausscheidungen auf, wodurch sie ohne vorherige Entstearinierung als Salatöle nicht geeignet sind. Das Soja-Kälteöl ist dagegen ein »Winteröl«; es bleibt auch bei starker Kälte klar, da keine gesättigten Glyceride auskristallisieren.

Eine Gruppe sehr wichtiger Begleitstoffe des Sojaöls, die in der Kälte schwer löslich ist, sind die Phosphatide. Der Phosphatidgehalt der Kälteöle war äußerst gering (s. Tab. 4).

Tab. 4   Phosphatidgehalt der Öle bei verschiedenen Extraktionstemperaturen
(Phosphatidgehalt des Sojaöles : 1,19%)

Extraktion		Extraktionstemperatur		
		— 40° C	— 30° C	— 15° C
1	Ausbeute	40%	55%	67%
	% Phosphatid	0,015	0,018	0,25
2	Ausbeute	9%	12%	15%
	% Phosphatid	0,031	0,061	0,61
3	Ausbeute	3%	5%	8%
	% Phosphatid	0,050	0,083	0,70
1 + 2 + 3	Ausbeute	52%	72%	90%
	% Phosphatid	0,020	0,028	0,35
Zugehöriges	Ausbeute	48%	28%	10%
Wärmeöl	% Phosphatid	3,74	4,18	8,71

Tab. 5   Sterin- und Tocopherolgehalt der Kälte- und Wärmeöle

	Kälteöle			Zugehöriges	
	1. Extraktion	2. Extraktion	1. + 2. Extraktion	Wärmeöl	Sojaöl
Extraktionstemperatur	— 50° C	— 50° C	— 50° C	+ 60° C	+ 60° C
Ölausbeute	26 %	18 %	44 %	56 %	100 %
Unverseifbares (Äther)	0,76 %	0,68 %	0,73 %	1,12 %	0,93 %
Sterine	0,27 %	0,23 %	0,25 %	0,54 %	0,41 %
Tocopherol (Furter–Meyer)	0,100%	0,086%	0,094%	0,131%	0,096%
Tocopherol (Emmerie–Engel)	0,093%	0,062%	0,080%	0,099%	0,115%
Tocopherol (Durchschnitt)	0,097%	0,074%	0,087%	0,0115%	0,106%

Schließlich war der Gehalt an Unverseifbarem in den Kälte- und Wärmeölen von Interesse, unter dem sich Sterine, Wachse, Farbstoffe, Antioxydantien, Kohlenwasserstoffe u. a. befinden. Wie aus der Tab. 5 zu ersehen ist, nimmt bei der Kälte-Extraktion der Gehalt an Begleitstoffen in den folgenden Ölfraktionen ab. Daß andererseits eine Anreicherung dieser Stoffe im Wärmeöl stattfindet, könnte auf eine verschiedene chemische Struktur der Verbindungen gleicher Stoffklassen zurückgeführt werden.

8. Wassergehalt

Wichtig ist auch die bereits angedeutete Funktion des Wassers bei der Kälteextraktion von öl- oder fettreichen Saaten, Nüssen oder Geweben. Ihre Extraktion in üblicher Weise wird ungern durchgeführt, da die im Vergleich zum Öl geringe Menge an Zellsubstanz während der Extraktion zum Zusammenfallen neigt und so die weitere Durchdringung mit Lösungsmitteln erschwert. Dagegen führt die Gefrier-Extraktion zu einer Versteifung des Zellgewebes, an welcher nicht zuletzt deren Wassergehalt beteiligt ist.

B) Die Kälte-Extraktion von Sojabohnen mit anderen Lösungsmitteln

Die bisher beschriebenen Kälte-Extraktionen wurden ausschließlich mit Hexan als Lösungsmittel durchgeführt. Die fraktionierte Gewinnung von Sojaölen in der Kälte mit anderen Extraktionsmitteln ergab teils bessere, teils schlechtere Ergebnisse. Zunächst wurden bei — 40°C und — 55°C Sojabohnen mit Aceton extrahiert. Das Öl in der Saat (16,7%) hatte die JZ 129,0 und SZ 1,0. Die bräunlich-gelbe Farbe der Öle und die hohen Säurezahlen, die auch bei der Extraktion der Saat mit Aceton in der Wärme auftraten, ließen darauf schließen, daß Saatbestandteile gelöst wurden, die sonst bei der Extraktion mit Hexan nicht in das Öl gelangen. Die Ausbeuten an Öl waren bei der Extraktion mit Aceton geringer und die Jodzahlen höher als bei der Extraktion mit Hexan. Mit Aceton als polarem Lösungsmittel wird also der für Hexan brauchbare Fraktionierungsbereich von — 15°C bis — 70°C auf den Bereich von — 15°C bis — 55°C zusammengedrängt. Dadurch wird bei Anwendung von Aceton eine fraktionierte Extraktion bereits bei wenig unter dem Schmelzpunkt des Öles liegenden Temperaturen möglich. Wegen der erwähnten Lösung von Fremdbestandteilen ist Aceton nicht für die Extraktion von Ölsaaten geeignet, da im allgemeinen die Mitlösung fremder Stoffe unerwünscht ist.
Weiterhin wurde untersucht, ob ein Zusatz von Isopropanol oder von Aceton zu Hexan Einfluß auf die Ausbeute und Jodzahl der bei — 40°C in der üblichen Anordnung gewonnenen Kälteöle hatte. In beiden Fällen war bis auf eine leichte Erhöhung der Säurezahl kein Unterschied gegenüber einer Extraktion mit reinem Hexan feststellbar.
Zur Extraktion der Ölsaaten werden oft Kohlenwasserstoff-Fraktionen benutzt, die neben Hexan auch Pentan und Heptan enthalten. Um festzustellen, ob zwischen diesen Homologen Unterschiede im Lösungs- und Fraktionierungsvermögen bestehen, wurden mit reinem Heptan, Hexan und Pentan unter gleichen Bedingungen Kälte-Extraktionen durchgeführt. Die Versuche ergaben, daß sich niedermolekulare Kohlenwasserstoffe etwas besser für Kälte-Extraktionen eignen als die höheren Homologen (s. Tab. 6). Dies war sehr erwünscht, denn eine schonende Gewinnung der Öle läßt sich nur dann durchführen, wenn auch die Entfernung des Extraktionsmittels bei niedrigen Temperaturen erfolgen kann. Am vorteilhaftesten lassen sich für Kälte-Extraktionen die bei Zimmertemperatur gasförmigen Lösungsmittel, evtl. unter Druck, verwenden, da sie sich einerseits sehr leicht aus dem Öl entfernen lassen, andererseits gleichzeitig als Kühlmittel verwendet werden können. In Frage kommen nur solche Gase, deren kritische

Tab. 6   Ergebnisse bei der Extraktion von Sojabohnen mit verschiedenen Kohlenwasserstoffen

Extraktionsmittel	Ölausbeute %	JZ	SZ
Heptan	37,4	140,3	0,13
Hexan	40,0	142,7	0,12
Pentan	41,8	143,6	0,13

Temperaturen über der Temperatur einer Kälte-Extraktion liegen. Dies gilt auch für die nachfolgende Gewinnung des »Wärmeöles«, wenn man bei dem gleichen Extraktionsmittel bleibt.

Zunächst wurde das bei Zimmertemperatur gasförmige Lösungsmittel Äthylchlorid für eine Kälte-Extraktion benutzt. Das Kälteöl war gelb, und in bezug auf Fraktionierung war Hexan bei — 55°C dem Äthylchlorid überlegen. Der Verwendung dieser schwachpolaren Lösungsmittel für Kälte-Extraktionen auf breiter Basis steht vorläufig der relativ hohe Preis entgegen. Weitaus billiger sind die bei + 20°C gasförmigen Kohlenwasserstoffe, die bei der Raffination von Erdöl, bei der Crackung, durch Hydrierung oder Synthese gewonnen werden. Als nächstniedere Homologen der heute für Extraktionen verwendeten Kohlenwasserstoffe haben Butan und Propan die für eine schonende Gewinnung von Fetten und Ölen in der Kälte erforderlichen physikalischen Eigenschaften.

Die günstige Lage der Siedepunkte von Propan und Butan (Flüssiggas) gestattet ihre Verflüssigung bereits durch geringen Druck. Beim Verdampfen entziehen sie ihrer Umgebung Wärme bzw. kühlen sie sich ab. Aus diesen Gründen sind Propan und Butan für Kälte-Extraktionen gut geeignet. Das »Flüssiggas« des Handels enthält neben Propan und Butan in kleinen Mengen auch Isobutan, Propylen und Butylen. Für die Versuche stand ein Kohlenwasserstoffgemisch zur Verfügung, dessen Siedepunkt bei — 30°C lag. Zur Durchführung der Kälte-Extraktion mit Propan im Laboratoriumsmaßstab wurde eine Spezialapparatur angefertigt. Die Versuche ergaben, daß die Durchdringung der Saat bei einer Extraktionszeit von 4 Std. noch unvollkommen war. Bei guter Durchmischung löst sich das Öl schneller. Außerdem wurde festgestellt, daß die Extraktion statt bei — 75°C ebensogut bei — 62°C durchgeführt werden konnte, da die 15stündige Digerierung bei letztgenannter Temperatur die Ausbeute an extrahierbarem Öl nicht wesentlich vergrößert.

Zusammenfassend kann gesagt werden, daß die Idee der fraktionierten Extraktion fetthaltiger Rohstoffe, besonders von Ölsaaten, durch Variation der Temperatur durchführbar ist. Diese »fraktionierende Extraktion« eröffnet viele Möglichkeiten und verlangt ein umfassendes Studium. Dies gilt auch für die verfahrenstechnische und apparative Seite.

Veränderungen von Glyceriden und ihrer Begleitstoffe im Hinblick auf die industrielle Verwendung von Fetten und Ölen

Auf dem Wege vom Erzeuger zum Verbraucher durchlaufen die Lebensmittel, darunter auch Fette und Öle, verschiedene Arbeitsstufen. Es bedarf von Fall zu Fall einer sorgfältigen Untersuchung, ob und in welchem Umfang eine Schädigung besonders durch die industrielle Bearbeitung von Lebensmitteln eintreten kann. Gerade bei Ölen und Fetten muß in Anbetracht neuerdings vorgebrachter Bedenken eine exakte wissenschaftliche Prüfung einsetzen.

Zunächst liegt es auf der Hand, daß eine chemische Behandlung nur dann ins Auge gefaßt werden sollte, wenn sie notwendig und unschädlich ist. Dies ist bei Speiseölen nicht immer der Fall. Auch sollten ernährungsphysiologisch wertvolle Begleitstoffe nativer Öle, z. B. Vitamine, bei der Raffination nicht entfernt werden. Schon vor vielen Jahren hat H. P. KAUFMANN diese Forderung aufgestellt. Bei Butter und anderen tierischen Fetten wird sie insofern erfüllt, als nach dem deutschen Lebensmittelrecht eine Raffination nur mit besonderer Genehmigung gestattet ist. Bei den meisten pflanzlichen Fetten hingegen wird heute zur Erzielung möglichst farbloser sowie geruchs- und geschmacksfreier Öle weitgehend raffiniert, wobei die Begleitstoffe ganz oder teilweise zerstört werden. Zwar besteht bei der Verarbeitung minderwertiger, z. B. seebeschädigter Saaten, die Notwendigkeit einer Entsäuerung, Bleichung und Desodorierung. Oft ist es aber möglich, die Raffination so zu leiten, daß nur unerwünschte Geruchs- und Geschmacksstoffe entfernt werden, während die physiologisch wichtigen Begleitstoffe geschont werden. Bei Ölen, die für die Härtung gebraucht werden, ist bei dem heutigen Stand der Technik eine weitgehende Raffination zwecks Entfernung der Katalysatorgifte üblich. Bei den heutigen Raffinationsverfahren werden sie zersetzt oder adsorbiert, und ein Teil der Zersetzungsprodukte bleibt im Öl gelöst.

In letzter Zeit ist vermutet worden, daß die erhitzten und raffinierten Öle und Fette schädliche Wirkungen haben. Die Nachprüfung ergibt jedoch, daß diese Behauptung weder durch die Erfahrung noch durch Versuche gestützt wird.

Es sollten nun die chemischen Veränderungen, die die Fettbegleitstoffe während der Raffination erleiden, einer näheren Untersuchung unterworfen werden.

A) Einwirkung hoher Temperaturen auf Öle und Fette

Sowohl bei der küchenmäßigen als auch bei der industriellen Behandlung von Fetten werden höhere Temperaturen angewandt. Beim Braten, Rösten, Erhitzen in Öl usw. werden Temperaturen von 200°C erreicht. Daß hierbei Veränderungen eintreten, zeigt z. B. die Bräunung in der Pfanne erhitzter Butter. Auch bei der Desodorierung, der Härtung usw. werden Temperaturen gleicher Größenordnung erreicht. Im Hinblick auf die Bedenken ernährungsphysiologischer Art gegen erhitzte Fette verdient deren Veränderung in der Wärme eine sorgfältige Prüfung, und zwar unter Betrachtung aller in den Nahrungsfetten befindlichen Bestandteile.

1. Glyceride

Man kann die meisten Glyceride kurzfristig auf 200°C erhitzen, ohne daß Veränderungen nachweisbar sind. An die Möglichkeit intramolekularer Umesterung ist zu denken, zumal bei Gegenwart anderer Nahrungsbestandteile. Bei Steigerung der Temperatur über 200°C hinaus können jedoch chemische Veränderungen der ungesättigten Fettsäuren im Glyceridverband eintreten, deren Ausmaß von der Dauer des Erhitzens abhängt. Daß letzteres auch in der Praxis in Betracht kommen kann, zeigt die häufige Verwendung des zur Herstellung von Berliner Pfannkuchen oder von Pommes frites benutzten Fettes (Schmalz, Shortenings, Öle), das oft in dem Behälter bleibt und gegebenenfalls nach Zugabe frischen Fettes lange Zeit benutzt wird. Die hier eintretenden Veränderungen können oxydativer Art sein. Sie machen sich durch den ranzigen Geschmack der in dem Fett »schwimmend« hergestellten Nahrungsmittel bemerkbar, so daß dieser Art der Veränderungen von Fetten schon von seiten der Geschmackswirkung eine Grenze gesetzt wird.

Bedenklicher ist die Polymerisation ungesättigter Bestandteile. Bei der Untersuchung der polymerisierten Fischöle (Poly-Öle), die zeitweise in großen Mengen aus den skandinavischen Ländern eingeführt und in Fischkonserven verwandt wurden, zeigte der Tierversuch einwandfrei schädliche Wirkungen, so daß das Verbot derartiger Öle berechtigt war. Bei Ratten führte die Verfütterung zu Haarausfall, Veränderung innerer Organe und Sterilität. Es ist bisher nicht entschieden, ob hierfür nur polymere Glyceride verantwortlich zu machen sind oder durch Erhitzung veränderte Begleitstoffe, an denen bekanntlich die Fischöle besonders reich sind.

Tab. 1   Schmalz und Kokosfette

Erhitzung (Zeit)	Dichte $d_{40°}$	Viskosität $cP_{40°}$	Brechungsindex $n_D^{40°}$	Kreis-Reaktion	Lea-Zahl	Säurezahl
Schmalz						
Ausgangsmaterial	0,8977	34,60	1,4599	rosa	2,2	0,80
4 Std.	–	36,98	1,4603	rosa	5,6	–
8 Std.	0,8993	37,15	1,4606	rot	10,1	–
16 Std.	0,9012	41,62	1,4608	rot	7,5	–
1 Tag	0,9016	43,39	1,4610	rot	9,6	1,31
2 Tage	0,9047	48,36	1,4615	rot	6,5	0,60
3 Tage	0,9086	60,92	1,4620	schw. rosa	4,5	1,8
4 Tage	0,9096	64,63	1,4624	neg.	5,0	1,8
5 Tage	0,9117	75,76	1,4629	schw. rosa	1,5	2,1
Kokosfett						
Ausgangsmaterial	0,9078	25,52	1,4501	neg.	0,40	0,47
4 Std.	–	25,18	1,4500	sehr schw.	3,0	–
8 Std.	0,9088	26,45	1,4503	rosa	9,2	–
16 Std.	0,9100	27,97	1,4505	schw. rosa	5,9	–
1 Tag	0,9115	29,73	1,4506	rosa	7,7	0,62
2 Tage	0,9137	31,75	1,4512	sehr schw. rosa	4,1	0,79
3 Tage	0,9164	35,03	1,4513	neg.	4,2	1,8
4 Tage	0,9186	35,56	1,4515	neg.	3,6	2,4
5 Tage	0,9211	42,31	1,4525	neg.	1,5	2,7

Tab. 2 Rüböl und Olivenöl

Erhitzung (Zeit)	Dichte $d_{20°}$	Viskosität $cP_{20°}$	Brechungsindex $n_D^{20°}$	Kreis-Reaktion	Lea-Zahl	Säurezahl
Rüböl						
Ausgangsmaterial	0,9105	93,14	1,4739	stark rot	14,8	0,31
4 Std.	–	98,89	1,4740	rosa	2,4	–
8 Std.	0,9117	99,12	1,4741	rot	4,9	–
16 Std.	0,9129	101,1	1,4742	rosa	3,1	–
1 Tag	0,9140	113,0	1,4746	rot	4,6	0,36
2 Tage	0,9162	129,5	1,4750	rot	5,0	0,68
3 Tage	0,9185	148,5	1,4752	rot	4,0	0,67
4 Tage	0,9203	166,5	1,4757	neg.	6,1	0,98
5 Tage	0,9242	220,3	1,4762	neg.	2,6	1,0
Olivenöl						
Ausgangsmaterial	0,9115	78,85	1,4694	neg.	4,7	2,0
4 Std.	–	83,66	1,4698	sehr schw.	3,6	–
8 Std.	0,9131	83,89	1,4699	rosarot	6,9	–
16 Std.	0,9144	88,70	1,4701	rosa	5,5	–
1 Tag	0,9166	100,3	1,4703	rot	6,2	2,2
2 Tage	0,9193	118,2	1,4709	schw. rosa	5,4	1,9
3 Tage	0,9216	135,6	1,4713	schw. rosa	2,4	1,8
4 Tage	0,9257	177,4	1,4720	neg.	3,6	2,0
5 Tage	0,9302	230,7	1,4730	neg.	1,6	2,1

Tab. 3 Erdnußöl und Leinöl

Erhitzung (Zeit)	Dichte $d_{20°}$	Viskosität $cP_{20°}$	Brechungsindex $n_D^{20°}$	Kreis-Reaktion	Lea-Zahl	Säurezahl
Erdnußöl						
Ausgangsmaterial	0,9142	75,01	1,4714	neg.	0,8	0,5
4 Std.	–	76,87	1,4717	rosa	2,7	–
8 Std.	0,9150	79,39	1,4719	rosarot	6,2	–
16 Std.	0,9158	83,94	1,4720	rosa	5,5	–
1 Tag	0,9189	101,6	1,4726	rot	8,8	0,52
2 Tage	0,9216	118,3	1,4730	rosa	7,7	0,45
3 Tage	0,9230	128,4	1,4732	rosa	7,7	0,71
4 Tage	0,9269	173,5	1,4738	schw. rosa	7,6	1,1
5 Tage	0,9321	242,7	1,4747	rosa	3,3	1,1
Leinöl						
Ausgangsmaterial	0,9275	49,75	1,4815	schw. rosa	6,0	0,60
4 Std.	–	53,71	1,4818	schw. rosa	3,2	–
8 Std.	0,9294	53,73	1,4820	stark rot	6,5	–
16 Std.	0,9314	59,83	1,4822	stark rot	5,6	–
1 Tag	0,9318	63,70	1,4823	stark rot	6,8	0,67
2 Tage	0,9394	101,1	1,4832	rot	12,0	0,87
3 Tage	0,9550	299,8	1,4856	neg.	10,5	1,3
4 Tage	0,9561	350,8	1,4860	neg.	13,9	1,6
5 Tage	0,9651	880,5	1,4878	neg.	3,5	2,5

In eigenen Untersuchungen wurden Olivenöl, Erdnußöl, Rüböl, Leinöl, Schmalz und Kokosfett 5 Tage im Trockenschrank auf 150°C gehalten, die Erhitzung wurde von Zeit zu Zeit abgebrochen und das Öl bzw. Fett analysiert (s. Tab. 1–3). Die Versuchsergebnisse zeigten, daß die Dichte, die Viskosität, die Säurezahl und der Brechungsindex bei der Erhitzung eines Öles auf 150°C langsam ansteigen, Lea-Zahl und Kreis-Reaktion in ihren Werten ein alternierendes Verhalten erkennen lassen. Die Farbe der geprüften Öle und Fette wurde dunkler. Das alleinige kurzfristige Erhitzen von Fetten und Ölen auf 150°C (200°C nach anderen Angaben) bewirkt keine Veränderung.

2. Begleitstoffe

a) Verhalten des Cholesterins beim Erhitzen auf höhere Temperaturen

Die in Tab. 4 und Tab. 5 angegebenen Versuchsergebnisse bei Erhitzung von reinem Cholesterin auf Temperaturen, wie sie im Haushalt auch beim Backen angewandt werden, zeigen, daß bei längerem Erhitzen unter Luftzutritt das Cholesterin bis zu 17%, in CO_2-Atmosphäre dagegen nur bis ca. 9% verändert wird.

Tab. 4   Veränderung des Cholesterins bei Erhitzung auf 200°C ohne Schutzgas

| | | | Reaktionsprodukt | |
| Versuch | Zeitdauer | Farbe | Cholesterin | verändertes Cholesterin |
			%	%
1	30 min	weiß	98,5	1,5
2	60 min	weiß	98,0	2,0
3	90 min	weiß	96,3	3,7
4	120 min	weiß	92,8	7,2
5	2½ Std.	weiß/gelb	89,5	10,5
6	3 Std.	weiß/gelb	87,3	12,7
7	3½ Std.	gelb	86,0	14,0
8	4 Std.	gelb	83,2	16,8

Tab. 5   Veränderung des Cholesterins bei der Erhitzung auf 200°C unter CO_2-Atmosphäre

| | | | Reaktionsprodukt | |
| Versuch | Zeitdauer | Farbe | Cholesterin | verändertes Cholesterin |
			%	%
1	30 min	weiß	99,6	0,4
2	60 min	weiß	99,0	1,0
3	90 min	weiß	97,8	2,2
4	120 min	weiß	96,5	3,5
5	2½ Std.	weiß	96,5	3,5
6	3 Std.	weiß	93,7	6,3
7	3½ Std.	weiß/gelb	92,3	7,7
8	4 Std.	weiß/gelb	91,5	8,5

b) Veränderungen von im Öl gelöstem Cholesterin beim Erhitzen

Um festzustellen, welche Veränderungen im Öl gelöste Sterine beim Erhitzen erleiden, wurde ein raffiniertes Erdnußöl mit einem bestimmten Zusatz an Phosphatiden und

Sterinen unter Rühren mit dem Ultra-Turrax erhitzt und anschließend die Veränderung der Fettbegleitstoffe festgestellt. In Tab. 6 sind die Veränderungen der Sterine, die sich unter den angewandten Versuchsbedingungen ergaben, aufgezeichnet.

Tab. 6

Versuch	Unverseifbares %	gefundene Menge Sterine %	berechnete Menge Sterine %	veränderte Sterine %
1	2,40	2,06	–	–
2	2,35	1,71	2,02	15,3
3	2,38	1,53	2,05	25,1
4	2,32	2,0	–	–
5	2,10	1,27	1,81	29,8
6	2,13	1,66	1,84	9,5

Aus den vorstehenden Analysenergebnissen ist zu ersehen, daß bei der Erhitzung von Ölen auf Temperaturen, wie sie in der Praxis vorkommen, die Sterine teilweise verändert werden und keine Digitonid-Fällung ergeben. Bei ½stündigem Erhitzen auf 150°C betrug der Grad der Veränderung 15,3%, bei 180°C 25,1% und bei 200°C 29,8%, in CO_2-Atmosphäre dagegen bei 200°C nur 9,5%.

B) Die Wirkung von Bleichmitteln

Für die Versuche wurden die heute am meisten benutzten Bleichmittel verwandt: Tonsil 60 C, Tonsil AC und A-Kohle.

1. Auf Glyceride

Kurzfristige Erhitzung veränderte die Glyceride nicht, sofern die Temperatur 200°C nicht überstieg. Die Anwesenheit von Bleichmitteln dürfte bei den in der Technik bei der Raffination benutzten Temperaturen ebenfalls keinen Einfluß auf den Aufbau der Glyceride haben. Angaben darüber sind in der Literatur nicht zu finden. Veränderungen durch Polymerisation und Autoxydation können nur an den Resten der ungesättigten Fettsäuren angreifen. Bei kurzfristiger Erhitzung blieb die Viskosität unverändert, und die Peroxydzahlen schließen oxydative Vorgänge aus. Allerdings ist zu bedenken, daß aus Peroxydzahlen bei Erhitzung der Öle nur bedingt Schlüsse zu ziehen sind, da der aktive Sauerstoff verschwinden kann.

2. Auf Begleitstoffe in Lösungsmitteln

a) Versuche in Lösung bei Abwesenheit von Öl

Die nachstehenden Laboratoriumsversuche wurden der technischen Versuchsanordnung angepaßt, d. h. das gelöste Sterin wurde auf 70–95°C erhitzt. Die Menge des zugesetzten Bleichmittels wurde von 2% bis 20% gesteigert. Man ließ es 30 min und länger unter guter Durchmischung einmal in Luft (s. Tab. 7), zum anderen Mal in CO_2-Atmosphäre (s. Tab. 8) einwirken. Als Sterin wurde Cholesterin benutzt, und zwar wurde zunächst seine Veränderung durch Bleicherden in Fettlösungsmitteln studiert. Nach Beendigung der Versuche wurde von der Bleicherde abfiltriert, das Lösungsmittel abgedampft und der Rückstand identifiziert. Die Versuche wurden auch unter CO_2 durchgeführt, um oxydative Veränderungen auszuschalten. Die Ergebnisse zeigten, daß Cholesterin unter den angewandten Versuchsbedingungen durch die Bleicherde Tonsil 60 C stark verändert wurde. Es war gleichgültig, ob man unter Luftzutritt oder in CO_2-Atmosphäre arbeitete. Die Veränderung war stets abhängig von der Menge und der Einwirkungsdauer des zugesetzten Bleichmittels.

Die mit Tonsil 60 C durchgeführten Versuche wurden in der gleichen Weise mit Tonsil AC bei Luftzutritt und unter CO_2 wiederholt. Die Versuche mit Tonsil AC bei Luftzutritt in Trichloräthylen ergaben, daß Cholesterin auch durch diese Bleicherde verändert wird, wenn auch etwas weniger als bei Gegenwart von Tonsil 60 C. Die Veränderung ist abhängig von der Menge und von der Einwirkungsdauer des zugesetzten Bleichmittels. Die Versuche unter CO_2-Atmosphäre ergaben, daß bei der Behandlung von Cholesterin mit Tonsil AC eine fast ebenso schnelle Veränderung des Cholesterins eintritt wie ohne Schutzgas. Die CO_2-Atmosphäre hat keinen wesentlichen Einfluß. Die Ergebnisse bestätigen, daß die chemische Veränderung des Cholesterins nur von der Menge und von der Einwirkungsdauer des zugesetzten Bleichmittels abhängig ist.

Tab. 7   Tonsil 60 C bei Luftzutritt in Trichloräthylen
(125 ml Trichloräthylen; 2,5 g = 2% Cholesterin; Temperatur 86°C; Versuchsdauer 30 min)

Versuch	Zugesetzte Menge Tonsil 60 C		Von Tonsil 60 C adsorbiert		Rückstände nach Abdampfen des Lösungsmittels Farbe			davon: Cholesterin		verändertes Cholesterin	
	g	%	g	%		g	%	g	%	g	%
1	25,0	20,0	1,3	52,0	weißgelb	1,2	48,0	0,32	26,5	0,88	73,5
2	12,5	10,0	0,8	32,0	weißgelb	1,7	68,0	0,47	27,7	1,23	72,3
3	9,0	7,2	0,4	16,0	weiß	2,1	84,0	0,67	31,8	1,43	68,2
4	5,0	4,0	0,1	4,0	weiß	2,4	96,0	0,87	36,3	1,53	63,7
5	2,5	2,0	0,1	4,0	weiß	2,4	96,0	1,1	45,8	1,30	54,2
					Versuchsdauer 90 min						
6	25,0	20,0	1,2	48,0	gelb	1,3	52,0	0,27	20,6	1,03	79,4
7	12,5	10,0	0,7	28,0	weißgelb	1,8	72,0	0,40	22,2	1,40	77,8
8	5,0	4,0	0,4	16,0	weißgelb	2,1	84,0	0,56	26,9	1,50	73,1
9	2,5	2,0	0,2	8,0	weißgelb	2,3	92,0	0,70	30,6	1,60	69,4
10	25,0	20,0	1,2	48,0	gelb	1,3	52,0	0,18	13,9	1,12	86,1
11	12,5	10,0	0,7	28,0	gelb	1,8	72,0	0,28	15,5	1,52	84,5
12	5,0	4,0	0,5	20,0	gelb	2,0	80,0	0,36	18,1	1,64	81,9
13	2,5	2,0	0,2	8,0	weißgelb	2,3	92,0	0,52	22,8	1,78	77,2
					Versuchsdauer 5 Std.						
14	25,0	20,0	1,1	44,0	braungelb	1,4	56,0	0,09	6,7	1,31	93,3
15	12,5	10,0	0,7	28,0	braungelb	1,8	72,0	0,16	8,8	1,62	91,2
16	5,0	4,0	0,4	16,0	gelbbraun	2,1	84,0	0,24	11,3	1,86	88,7
17	2,5	2,0	0,1	4,0	gelb	2,4	96,0	0,35	14,5	2,05	85,5
					Versuchsdauer 9 Std.						
18	25,0	20,0	1,1	44,0	braun	1,4	56,0	–	–	1,4	100,0
19	12,5	10,0	0,8	32,0	braun	1,7	68,0	–	–	1,7	100,0
20	5,0	4,0	0,3	12,0	braun	2,2	88,0	–	–	2,2	100,0
21	2,5	2,0	0,1	4,0	braun	2,4	96,0	0,11	4,7	2,29	95,3
					Versuchsdauer 12 Std,						
22	2,5	2,0	0,1	4,0	braun	2,4	96,0	–	–	2,4	100,0

Tab. 8 Tonsil 60 C unter CO_2 in Trichloräthylen
(125 ml Trichloräthylen; 2,5 g = 2% Cholesterin; Temperatur 86°C;
Versuchsdauer 30 min)

Versuch	Zugesetzte Menge Tonsil 60 C		Von Tonsil 60 C adsorbiert		Rückstände nach Abdampfen des Lösungsmittels Farbe			davon: Cholesterin		verändertes Cholesterin	
	g	%	g	%		g	%	g	%	g	%
1	25,0	20,0	1,2	48,0	weiß	1,3	52,0	0,43	33,1	0,87	66,9
2	12,5	10,0	0,8	32,0	weiß	1,7	68,0	0,60	35,4	1,10	64,6
3	5,0	4,0	0,3	12,0	weiß	2,2	88,0	0,97	44,2	1,23	55,8
4	2,5	2,0	0,1	4,0	weiß	2,4	96,0	1,18	49,0	1,22	51,0

Versuchsdauer 90 min

Versuch	g	%	g	%	Farbe	g	%	g	%	g	%
5	25,0	20,0	1,1	44,0	weiß	1,4	56,0	0,37	26,2	1,03	73,8
6	12,5	10,0	0,8	32,0	weiß	1,7	68,0	0,47	27,9	1,23	72,1
7	5,0	4,0	0,3	12,0	weiß	2,2	88,0	0,73	32,3	1,47	66,7
8	2,5	2,0	0,1	4,0	weiß	2,4	96,0	0,88	36,8	1,52	63,2

Versuchsdauer 3 Std.

Versuch	g	%	g	%	Farbe	g	%	g	%	g	%
9	25,0	20,0	1,1	44,0	gelb	1,4	56,0	0,27	19,1	1,13	80,9
10	12,5	10,0	0,7	28,0	weißgelb	1,8	72,0	0,39	21,7	1,41	78,2
11	5,0	4,0	0,4	16,0	weißgelb	2,1	84,0	0,51	24,4	1,59	75,6
12	2,5	2,0	0,2	8,0	weißgelb	2,3	92,0	0,60	26,0	1,70	74,0

Versuchsdauer 5 Std.

Versuch	g	%	g	%	Farbe	g	%	g	%	g	%
13	25,0	20,0	1,3	52,0	gelb	1,2	48,0	0,15	12,3	1,05	87,7
14	12,5	10,0	0,8	32,0	gelb	1,7	68,0	0,24	14,4	1,46	85,6
15	5,0	4,0	0,3	12,0	gelb	2,2	88,0	0,37	16,8	1,82	83,2
16	2,5	2,0	0,2	8,0	gelb	2,3	92,0	0,43	18,5	1,87	81,5

Versuchsdauer 9 Std.

Versuch	g	%	g	%	Farbe	g	%	g	%	g	%
17	25,0	20,0	1,1	44,0	braun	1,4	56,0	0,04	2,1	1,36	97,9
18	12,5	10,0	0,8	32,0	braun	1,7	68,0	0,05	2,9	1,65	97,1
19	5,0	4,0	0,2	8,0	braun	2,3	92,0	0,12	5,0	2,18	95,0
20	2,5	2,0	0,1	4,0	gelb	2,4	96,0	0,17	7,0	2,23	93,0

Versuchsdauer 12 Std.

Versuch	g	%	g	%	Farbe	g	%	g	%	g	%
21	25,0	20,0	1,1	44,0	braun	1,4	56,0	–	–	1,4	100,0
22	12,5	10,0	0,7	28,0	braun	1,8	72,0	–	–	1,8	100,0
23	5,0	4,0	0,3	12,0	braun	2,2	88,0	0,03	1,2	2,17	98,8
24	2,5	2,0	0,1	4,0	braun	2,4	96,0	0,05	2,2	2,35	97,8

Versuchsdauer 15 Std.

Versuch	g	%	g	%	Farbe	g	%	g	%	g	%
25	5,0	4,0	0,2	8,0	braun	2,3	92,0	–	–	2,3	100,0
26	2,5	2,0	0,1	4,0	braun	2,4	96,0	–	–	2,4	100,0

Weiterhin wurde das Verhalten der Sterine in Gegenwart von A-Kohle bei gleicher Versuchsanordnung geprüft. Die Versuche ergaben, daß Cholesterin unter den obigen Versuchsbedingungen in keiner Weise verändert wird. Der Lösungsmittelrückstand bestand aus reinem Cholesterin, Schmelzpunkt 148°C. Ein Teil der vorher zugesetzten Sterinmenge ist an A-Kohle adsorbiert und läßt sich bei erneuter Behandlung der A-Kohle mit reinem Hexan zu einem geringen Teil abspülen. Nach Abdestillieren dieses Hexans hinterbleibt reines Cholesterin, Fp. = 148°C.

Aus allen Versuchen ergab sich ferner, daß die adsorbierte Menge Cholesterin von der zugesetzten Menge Bleichmittel abhängig ist; bei den drei angewandten Bleichmitteln ist sie etwa gleich. Die Farbe des Lösungsmittelrückstandes nach Behandlung der Sterine mit Tonsil 60 C und Tonsil AC ging mit der Dauer der Einwirkung in Braun über, ein Teil des Cholesterins hatte sich also verändert. Aus dem %-Gehalt an Cholesterin im Rückstand ergab sich, daß der Grad der Veränderung ferner von der Art und Menge des Bleichmittels abhängig ist. Je nach der Einwirkungsdauer werden 50–100% des Cholesterins zersetzt, gleichgültig ob unter Luftzutritt oder in CO_2-Atmosphäre gearbeitet wurde. Andererseits ist es bemerkenswert, daß bei Behandlung mit A-Kohle in Trichloräthylen keine chemische Veränderung des Cholesterins eintrat.

Um festzustellen, welchen Veränderungen das Cholesterin bei der Bleicherde-Behandlung in Gegenwart von Hexan unterworfen ist, wurden Lösungen von Cholesterin in Hexan verschiedener Konzentrationen mit wechselnden Mengen Tonsil 60 C behandelt und die chemischen Veränderungen des Cholesterins kontrolliert. Die Versuche ergaben, daß die Sterine auch bei der Bleicherdebehandlung in Hexan chemisch verändert werden, und zwar ist der Grad der Veränderung abhängig von der Dauer der Einwirkung und ferner von den Konzentrationen der Bleicherde sowie des Cholesterins.

3. Wirkung von Bleichmitteln auf Öle und Begleitstoffe in der Miscella

Bei der technischen Raffination sind die Begleitstoffe im Öl gelöst. Es erhebt sich die Frage, ob letzteres eine Schutzwirkung ausübt, d. h. ob z. B. in Öl gelöstes Cholesterin durch Bleicherden nicht verändert wird. Nun geht die neuzeitliche Entwicklung der Raffination und Veredlung von Ölen darauf hinaus, die Miscella zu behandeln, wie es erstmals von H. P. KAUFMANN im Jahre 1938 vorgeschlagen wurde. Deshalb ist zu prüfen, ob die bereits geschilderten Veränderungen von Sterinen auch bei Ölen in der Miscella vor sich gehen. Bei den durchgeführten Untersuchungen kam ein in Hexan gelöstes phosphatidreiches Sojaöl zur Verwendung, dem Cholesterin in wechselnder Menge zugesetzt worden war. Die der technischen Miscella entsprechende etwa 20–30%ige Lösung wurde mit wechselnden Mengen von Bleicherden behandelt, und nach Entfernung des Lösungsmittels wurde das Cholesterin aus dem Öl isoliert und untersucht.

Um festzustellen, ob durch Bleicherdebehandlung eine Abnahme bzw. eine Veränderung der Fettbegleitstoffe auftritt, wurde das Öl unter Zusatz von Cholesterin in Hexan mit Tonsil 60 C, Tonsil AC sowie A-Kohle bei jeweils 65 °C 30 min lang gerührt. Die Abnahme und Veränderung der Begleitstoffe wurden anschließend untersucht.

Die Ergebnisse sind in Tab. 9 zusammengefaßt.

Die Untersuchungen ergaben, daß ein Teil der Fettbegleitstoffe adsorbiert und ein Teil der Sterine verändert wird. Die Größe der Veränderung ist abhängig von der Art des Bleichmittels. Sie ist bei Tonsil 60 C am stärksten, während bei A-Kohle nur eine gering-

Tab. 9 Veränderung des Gehaltes an Fettbegleitstoffen bei der Behandlung mit Bleichmitteln

Bleichmittel	SZ	Phosphatidgehalt %	Unverseifbares %	Sterine %
Tonsil 60 C	7,1	1,2	2,8	1,8
Tonsil AC	7,5	1,7	2,0	1,4
A-Kohle	6,3	2,4	2,5	2,0

20

fügige Veränderung auftritt. Außerdem spielen die Menge des Bleichmittels und die Temperatur eine große Rolle.

Nun war zu untersuchen, ob sich Cholesterin unverändert an Bleicherde bzw. A-Kohle adsorbiert hat bzw. welche Zersetzungsprodukte es lieferte, und weiterhin, ob sich letztere im Öl lösten oder als Adsorbat mit den Bleichmitteln aus diesem entfernt werden. Deshalb mußten zunächst die aus der Miscella adsorbierten Bestandteile untersucht werden.

Tab. 10   Petroläther-Extraktion

Versuch	Bleichmittel bei der Miscella-Behandlung	Ex-trahierte Öl-menge g	%	Ölfarbe	Phosphatid-gehalt %	Unver-seif-bares %	Sterine %
1	Tonsil 60 C	2,4	0,3	hell	Spuren	6,3	1,8
2	Tonsil AC	3,4	0,5	hell	0,7	5,5	2,2
3	A-Kohle	5,5	0,7	hell	Spuren	3,5	1,9
4	Tonsil 60 C	1,6	0,4	hell	Spuren	7,6	2,8
5	Tonsil AC	4,8	1,0	hell	1,3	6,1	2,3
6	A-Kohle	7,2	1,6	hell	2,1	5,4	2,0

a) Untersuchung der von den Bleicherden aus der Miscella adsorbierten Stoffe

Neben der Adsorption der Fettbegleitstoffe an Bleichmitteln wird auch eine geringe Menge Öl an diese gebunden. In den folgenden Versuchsreihen sollte festgestellt werden, welche Mengen Fettbegleitstoffe vom Bleichmittel bei der Miscella-Behandlung in das extrahierte Öl gelangen und welche Veränderungen die Fettbegleitstoffe erleiden. Die Bleichmittel der Miscella-Behandlung wurden nacheinander mit Petroläther und mit einem Gemisch von Benzol + 10% Alkohol extrahiert. Nach dem Abdestillieren des Lösungsmittels bestimmte man den Phosphatidgehalt, das Unverseifbare sowie den Steringehalt.

Diese Versuchsreihen (s. Tab. 10) ergaben, daß durch Extraktion der bei der Miscella-Behandlung angewandten Bleichmittel ein Öl von heller Farbe erhalten wird, das große Mengen von Fettbegleitstoffen enthält. Der Phosphatidgehalt war aber nicht viel größer als der des Ausgangsöls, woraus gefolgert werden kann, daß die Phosphatide durch Petroläther nicht aus den Bleichmitteln extrahiert werden. Dagegen ist der Gehalt des aus dem Adsorbens herausgelösten Öles an Unverseifbarem, Sterinen und veränderten Sterinen hoch, da diese durch Petroläther aus dem Bleichmittel entfernt werden. 50% und mehr der in diesen Ölen enthaltenen Sterine geben keine Digitonid-Fällung mehr, haben also eine chemische Veränderung erfahren. Dies zeigte sich, als man die bereits mit Petroläther extrahierten Bleichmittel einer erneuten Extraktion unterwarf, dieses Mal mit Benzol + 10% Alkohol, und das erhaltene dunkle Öl untersuchte.

Die Versuche der Bleichmittelbehandlung der Öle in der Miscella ergaben, daß hierbei nicht nur die Farbstoffe adsorbiert, sondern auch die anderen Glycerid-begleitstoffe in Mitleidenschaft gezogen werden. Der von dem Bleichmittel adsorbierte Prozentsatz derselben war abhängig von der Menge des Bleichmittels, jedoch geringer als bei der bereits beschriebenen Bleichmittelbehandlung der Sterine im Lösungsmittel. Hierbei tritt eine Veränderung der Phosphatide nicht ein, während ein Teil der Sterine durch die Behandlung mit Bleicherden verändert wird und mit Digitonin keine Fällung mehr gibt. Dieser Anteil der Sterine ist abhängig von der Art und Menge des Bleichmittels und bei Verwendung von Tonsil 60 C am größten, während bei der A-Kohle-Behandlung nur eine geringfügige Veränderung auftrat. In allen Fällen ist aber die Veränderung der Sterine geringer als bei der Bleichmittelbehandlung der Sterine im Lösungsmittel in Abwesenheit von Öl.

4. Wirkung von Bleichmitteln auf Begleitstoffe enthaltendes Öl bei Abwesenheit eines Lösungsmittels

Bei der bisher üblichen Technik der Ölraffination wird das von dem Lösungsmittel befreite Öl der Bleichung unterworfen. Es war daher zu prüfen, wie sich im Öl gelöste Begleitstoffe bei Abwesenheit von Lösungsmitteln gegenüber den Bleichmitteln verhalten. In erster Linie interessierten wieder Sterine und Phosphatide. Als Ausgangsöl wurde das bereits beschriebene Sojaöl verwandt, dem bestimmte Mengen von Phosphatiden (Sojalecithin) und Cholesterin zugesetzt wurden. Die Versuche ergaben, daß ein Teil der Glyceridbegleitstoffe adsorbiert und ein Teil der Sterine verändert wird. Die chemische Veränderung war abhängig von der Art und Menge des Bleichmittels und von der Raffinationstemperatur. Die größte Veränderung trat bei Verwendung von Tonsil 60 C auf, während bei A-Kohle die Sterine nicht verändert wurden. Bei Erhöhung der Raffinationstemperatur stieg die Menge der veränderten Sterine im Öl stark an.

Die Untersuchung der vom Bleichmittel adsorbierten Begleitstoffe ergab, daß die Phosphatide stark adsorbiert worden waren, während die Sterine nur wenig aufgenommen wurden. Vom Tonsil 60 C und Tonsil AC werden 75% und mehr der Phosphatide aufgenommen, während A-Kohle eine bedeutend geringere Adsorptionswirkung für die Phosphatide zeigt.

a) Untersuchung der von den Bleichmitteln adsorbierten Öle und deren Begleitstoffe

Die Bleicherden enthalten neben den adsorbierten Glyceridbegleitstoffen eine bestimmte Menge Öl, das in der Technik durch Extraktion aus den Bleicherden gewonnen wird. Da dieses Öl der menschlichen Ernährung zugeführt wird, sollte festgestellt werden, welche Mengen von Begleitstoffen vom Bleichmittel in das Öl gelangen und welche Veränderungen sie erleiden.

Die Bleicherden werden nacheinander mit Petroläther und einem Gemisch von Benzol + 10% Alkohol extrahiert und nach Abdestillieren des Lösungsmittels der Phosphatidgehalt, das Unverseifbare sowie der Sterin-Gehalt bestimmt. Die Versuche ergaben, wie zu erwarten, daß die aus den Bleichmitteln extrahierten Öle einen erhöhten Gehalt an Unverseifbarem und Sterinen haben. Die chemische Veränderung der Sterine in den Ölen ist erheblich und abhängig von der Art des Bleichmittels. Bei Tonsil 60 C war sie am höchsten, während bei A-Kohle nur eine geringfügige Veränderung auftrat. Das extrahierte Öl war von heller Farbe mit etwa dem gleichen Phosphatidgehalt wie das Ausgangsöl. Um noch anhaftendes Öl bzw. dessen Begleitstoffe von den bisher mit Petroläther extrahierten Bleichmitteln zurückzugewinnen, wurden Bleicherden und A-Kohle anschließend mit Benzol + 10% Alkohol extrahiert. Durch die Extraktion mit Benzol/Alkohol werden die vom Bleichmittel adsorbierten Phosphatide extrahiert und gelangen in das Extraktionsöl, das somit einen hohen Gehalt an Phosphatiden aufweist. Die im Öl vorhandenen Sterine waren zu einem großen Teil verändert; sie ergaben keine Digitonid-Fällung mehr.

Die Versuche der Bleichmittelbehandlung der Öle ergaben also, daß auch die Glyceridbegleitstoffe angegriffen werden. Es trat eine Adsorption dieser Begleitstoffe ein, und auch die im Öl verbliebenen Sterine wurden teilweise verändert. Die Veränderung ist abhängig von Art und Menge des Bleichmittels sowie von der Raffinationstemperatur. Sie ist beim Tonsil 60 C am größten, während bei der Einwirkung von A-Kohle keine Veränderungen auftreten. Die Öle, die durch Extraktion aus den Bleicherden gewonnen werden, haben einen hohen Gehalt an Glyceridbegleitstoffen, und die darin enthaltenen Sterine sind zum großen Teil verändert.

5. Untersuchung der Reaktionsprodukte

Um die vorgenannte Veränderung des Cholesterins bei der Behandlung des Cholesterins mit Tonsil 60 C in Hexan unter Luftzufuhr zu studieren, wurde eine genaue Untersuchung durchgeführt. Das bei der Bleicherdebehandlung erhaltene Produkt ließ sich umkristallisieren und zeigte einen höheren Schmelzpunkt (199°C) als Cholesterin. Die Bestimmung des Absorptionsspektrums, des Molekulargewichts, der Jodzahl, der Hydrierzahl sowie der Elementaranalyse ergab, daß es sich bei dem aus Chloroform umkristallisierten Produkt um den Dicholesteryläther handelt.

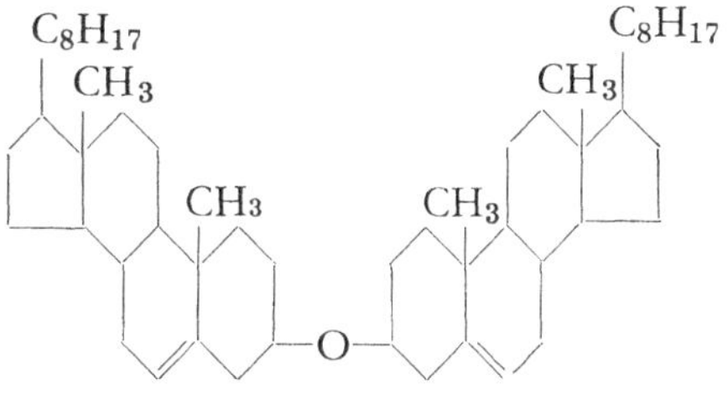

C_8H_{17} C_8H_{17}
CH_3 CH_3
CH_3 CH_3
O

Dicholesteryläther

Die Struktur des nicht kristallisierten Produktes konnte nicht aufgeklärt werden. Auf Grund der Elementaranalyse sowie der Löslichkeit, des Molekulargewichtes und der OH-Zahl handelt es sich wahrscheinlich um ein Oxydationsprodukt des Cholesterins.
Der erstmals erbrachte Beweis, daß sich Cholesterin bei der Einwirkung von Bleichmitteln unter Wasserabspaltung in den bereits auf präparativem Weg hergestellten Dicholesteryläther umwandeln kann, verdient Beachtung, denn er bleibt in dem Fett gelöst und wird mit diesem genossen. Vorsorglich wurde die reine Substanz auf carcinogene Eigenschaften untersucht (Prof. LANG, Mainz), doch konnte am Tierversuch gezeigt werden, daß Bedenken in dieser Richtung nicht bestehen. Es erscheint aber im Hinblick auf die Raffination tierischer Fette ratsam, mit Hilfe neuzeitlicher Methoden der Fettanalyse eingehendere Versuche anzustellen.
Außer dem Dicholesteryläther wurde durch entsprechende Behandlung von β-Sitosterin mit Bleicherde in Hexan der Disitosteryläther hergestellt. Weitere Versuche sollen zeigen, ob die Ätherbildung auch bei anderen in Ölen vorkommenden Phytosterinen, besonders Brassicasterin, stattfindet.

Forschungsberichte
des Landes Nordrhein-Westfalen

Herausgegeben im Auftrage des Ministerpräsidenten Heinz Kühn
von Staatssekretär Professor Dr. h. c. Dr. E. h. Leo Brandt

Sachgruppenverzeichnis

Acetylen · Schweißtechnik

Acetylene · Welding gracitice
Acétylène · Technique du soudage
Acetileno · Técnica de la soldadura
Ацетилен и техника сварки

Arbeitswissenschaft

Labor science
Science du travail
Trabajo científico
Вопросы трудового процесса

Bau · Steine · Erden

Constructure · Construction material ·
Soil research
Construction · Matériaux de construction ·
Recherche souterraine
La construcción · Materiales de construcción
Reconocimiento del suelo
Строительство и строительные материалы

Bergbau

Mining
Exploitation des mines
Minería
Горное дело

Biologie

Biology
Biologie
Biologia
Биология

Chemie

Chemistry
Chimie
Quimica
Химия

Druck · Farbe · Papier · Photographie

Printing · Color · Paper · Photography
Imprimerie · Couleur · Papier · Photographie
Artes gráficas · Color · Papel · Fotografía
Типография · Краски · Бумага · Фотография

Eisenverarbeitende Industrie

Metal working industry
Industrie du fer
Industria del hierro
Металлообрабатывающая промышленность

Elektrotechnik · Optik

Electrotechnology · Optics
Electrotechnique · Optique
Electrotécnica · Optica
Электротехника и оптика

Energiewirtschaft

Power economy
Energie
Energía
Энергетическое хозяйство

Fahrzeugbau · Gasmotoren

Vehicle construction · Engines
Construction de véhicules · Moteurs
Construcción de vehículos · Motores
Производство транспортных · Средств

Fertigung

Fabrication
Fabrication
Fabricación
Производство

Funktechnik · Astronomie

Radio engineering · Astronomy
Radiotechnique Astronomie
Radiotécnica · Astronomía
Радиотехника и астрономия

Gaswirtschaft

Gas economy
Gaz
Gas
Газовое хозяйство

Holzbearbeitung

Wood working
Travail du bois
Trabajo de la madera
Деревообработка

Hüttenwesen · Werkstoffkunde

Metallurgy · Materials research
Métallurgie · Materiaux
Metalurgia · Materiales
Металлургия и материаловедение

Kunststoffe

Plastics
Plastiques
Plásticos
Пластмассы

Luftfahrt · Flugwissenschaft

Aeronautics · Aviation
Aéronautique · Aviation
Aeronáutica · Aviación
Авиация

Luftreinhaltung

Air-cleaning
Purification de l'air
Purificación del aire
Очищение воздуха

Maschinenbau

Machinery
Construction mécanique
Construcción de máquinas
Машиностроительство

Mathematik

Mathematics
Mathématiques
Mathemáticas
Математика

Medizin · Pharmakologie

Medicine · Pharmacology
Médecine · Pharmacologie
Medicina · Farmacología
Медицина и фармакология

NE-Metalle

Non-ferrous metal
Metal non ferreux
Metal no ferroso
Цветные металлы

Physik

Physics
Physique
Física
Физика

Rationalisierung

Rationalizing
Rationalisation
Racionalización
Рационализация

Schall · Ultraschall

Sound · Ultrasonics
Son · Ultra-son
Sonido · Ultrasónico
Звук и ультразвук

Schiffahrt

Navigation
Navigation
Navegación
Судоходство

Textilforschung

Textile research
Textiles
Textil
Вопросы текстильной промышленности

Turbinen

Turbines
Turbines
Turbinas
Турбины

Verkehr

Traffic
Trafic
Tráfico
Транспорт

Wirtschaftswissenschaften

Political economy
Economie politique
Ciencias económicas
Экономические науки

Einzelverzeichnis der Sachgruppen bitte anfordern

Westdeutscher Verlag · Köln und Opladen

567 Opladen/Rhld., Ophovener Straße 1–3, Postfach 1620